LA
FERTILITÉ DU SOL

RÉSULTANT

DE L'EMPLOI DES AMENDEMENTS CALCAIRES

ET PRINCIPALEMENT DE LA CHAUX VIVE

PAR ED. VIANNE

Ingénieur agricole

Membre de la Société impériale et centrale d'Horticulture
et des Sociétés d'Agriculture de Clermont, de Mende, de Saint-Quentin, etc.
l'un des fondateurs du *Journal d'agriculture progressive*

PARIS

LIBRAIRIE DE L. HACHETTE ET Cie

RUE PIERRE-SARRAZIN, N° 14

1859

CHAUX GRASSE ET BLANCHE

DES FOURS A FEU CONTINU

DE

LA ROCQUE ET DE BAHAIS

(Manche)

ARRONDISSEMENT DE SAINT-LÔ,

COMMUNES DE LA MEAUFFE, D'AIREL ET DE CAVIGNY,

traversées par

LE CANAL DE VIRE-ET-TAUTE ET LE CHEMIN DE FER DE L'OUEST

(Embranchement de Saint-Lô).

LOCALITÉS DES VENTES :

Saint-Lô, M. A. MOSSELMAN et Cie.
Vire, M. CH. COLLIN fils.
Bahais, M. A. MOSSELMAN et Cie.
La Rocque,   —
Saint-Fromond,   —
Carentan,   —
Saint-Martin-des-Besaces, M. DAIGREMONT.

TOUTES LES LOCALITÉS DESSERVIES PAR LE CHEMIN DE FER

DE PARIS A CHERBOURG ET DE CAEN A ALENÇON.

PRIX DE VENTE AUX FOURS :

CHAUX TOUT-VENANT : 14 fr. les 1000 kilogrammes.

Époque des ventes : toute l'année.

LA FERTILITÉ

DU SOL

PARIS. — IMPRIMERIE DE CH. LAHURE ET Cie

Rues de Fleurus, 9, et de l'Ouest, 21

LA
FERTILITÉ DU SOL

RÉSULTANT

DE L'EMPLOI DES AMENDEMENTS CALCAIRES

ET PRINCIPALEMENT DE LA CHAUX VIVE

PAR ED. VIANNE

Ingénieur agricole
Membre de la Société impériale et centrale d'Horticulture
et des Sociétés d'Agriculture de Clermont, de Mende, de Saint-Quentin, etc.
l'un des fondateurs du *Journal d'agriculture progressive*

PARIS

LIBRAIRIE DE L. HACHETTE ET Cie

RUE PIERRE-SARRAZIN, Nº 14

1859

INTRODUCTION.

On reproche aux cultivateurs d'être routiniers, ennemis du progrès, et de rejeter sans examen tout ce qui a l'apparence d'une innovation. Cette routine est-elle aussi invétérée qu'on le croit généralement? est-on bien en droit de leur en faire un reproche? peut-on exiger d'un cultivateur fermier *une culture de propriétaire?* Nous répondrons sans hésitation, *non;* parce que le cultivateur fermier ne possède le sol que pour -un temps souvent trop limité, et qu'il ne participe pas aux bénéfices de l'amélioration foncière, parce que le produit de chaque récolte doit non-seulement le rembourser de ses frais, mais qu'il doit vivre et qu'il a un fermage à payer ; tandis que le propriétaire cultivateur, qui n'a pas ces charges , peut viser à l'avenir, et si sa culture le laisse en perte, il en retrouve la différence dans les améliorations foncières.

Nous ne voulons pas que le fermier rejette le progrès et reste routinier; mais nous le voyons avec plaisir être prudent, et n'adoptant pas à la légère les innovations souvent trop prônées et dont les merveilleux effets ne dépassent pas les colonnes des journaux.

Au lieu de décrire les merveilleux résultats obtenus par tel ou tel système, les nombreux avantages d'une nouvelle application, etc., prouvez-lui qu'en modifiant son système de culture, qu'en adoptant tel ou tel instrument, en appliquant tel amendement ou engrais, il aura un avantage réel, et vous le verrez bientôt suivre vos conseils, d'abord en hésitant, en tâtonnant, sans confiance, comme un homme qui est souvent trompé ; mais dès qu'il aura reconnu qu'il y a réellement avantage pour lui, rien ne l'arrêtera plus, et il ira de l'avant : trop vite même, car il ne se rendra pas toujours compte des causes de sa réussite, et il commettra des erreurs qui lui occasionneront des pertes, qu'avec un peu de réflexion il aurait évitées.

C'est dans le but de lui éviter des tâtonnements, que nous publions cette notice sur l'emploi de la chaux ; il y trouvera les instructions nécessaires pour le guider dans l'application de ce précieux amendement.

LA FERTILITÉ

DU SOL.

DE LA CHAUX.

Emploi de la chaux.

L'idée d'utiliser la chaux pour restituer au sol
l'élément calcaire que les plantes et l'eau lui
enlèvent, et pour le donner aux terres qui en sont
dépourvues, n'est pas très-ancienne : elle paraît
avoir pris naissance en Angleterre et être due à
un simple laboureur, qui le premier émit l'idée
d'employer la chaux en nature, c'est-à-dire la chaux
vive; il donna l'exemple, et bientôt fut imité partout.
Les résultats qu'il obtint par cette pratique furent si
évidents, que ses voisins suivirent son exemple, et
que cette méthode ne tarda pas à se propager.

Cependant, dans les premiers temps de l'emploi de
la chaux vive, et encore maintenant, beaucoup de

cultivateurs en faisaient usage dans l'idée qu'elle réchauffe la terre. Cette idée devait venir naturellement
à des hommes ne pouvant se rendre un compte exact du
mode d'action de cet agent, ni rattacher les effets aux
causes ; mais c'est là une grossière erreur. Sans doute
au contact de l'eau la chaux vive dégage une grande
chaleur, mais elle n'est pas capable d'en produire
indéfiniment, et, une fois éteinte, elle demeure froide
comme avant la cuisson. La chaux n'agit donc pas
en réchauffant un terrain froid, mais parce qu'elle
divise la terre, l'assainit, la rend plus meuble,
susceptible d'absorber mieux la chaleur et de garder
moins l'humidité. Voilà la raison pour laquelle la
terre chaulée est plus hâtive et donne des produits
qu'il eût été impossible d'obtenir avant l'emploi de la
chaux.

Effets de la chaux.

La chaux exerce sur les terrains sur lesquels on
l'applique une action multiple.

1° Elle agit par son principe, en restituant au sol
ou en lui fournissant l'élément calcaire indispensable
au développement des plantes.

2° Elle s'unit avec l'argile et agit absolument de la
même façon que l'écobuage, désagrége le sol, lui
donne de la perméabilité, le rend moins tenace et
d'un travail plus facile. Son affinité pour l'eau lui fait
absorber l'excédant d'humidité retenue dans la
terre, et elle assainit le sol en même temps qu'elle
l'assèche.

3° Elle rend solubles une foule de matières organiques difficilement décomposables, et par cela même

transforme ces matières, qui étaient inertes dans le sol, en produits facilement assimilables et en excellents engrais.

4°-Elle facilite la décomposition des éléments minéraux du sol, produit des silicates et des aluminates, et met en liberté les alcalis que l'argile contient en forte proportion.

5° Elle fait passer avec facilité à l'état d'ammoniaque l'azote contenu dans les matières végétales qui eussent résisté longtemps à la décomposition; c'est par suite de cette décomposition qu'elle produit des effets remarquables sur les défrichements.

6° Elle neutralise l'acidité des terres et détruit les plantes aigres des prairies humides.

En présence de ces effets est-il étonnant que le chaulage produise des merveilles ?

Et ces résultats ce n'est plus à l'étranger qu'il faut aller les étudier; en France il y a des contrées que l'application de la chaux a complétement transformées. Qui pourrait croire en voyant la plantureuse Mayenne, qui actuellement lutte et fait concurrence avec la Normandie pour l'élevage et l'engraissement des bestiaux, que cette contrée était presque stérile il y a moins d'un demi-siècle, et que là où on rencontre aujourd'hui ces magnifiques bœufs, on pouvait à peine nourrir quelques chétifs moutons? Ce n'est pas là cependant de la vieille histoire: on rencontre encore bon nombre de cultivateurs qui indiquent telle terre se vendant aujourd'hui plusieurs milliers de francs l'hectare, qui ne valait que quelques centaines de francs avant le chaulage.

Cette merveilleuse transformation, cette richesse

qui a succédé à la misère, n'est due qu'à l'emploi de la chaux. Et ce n'est pas la seule contrée que l'emploi du calcaire a transformée : le Limousin, le Berry, le Bourbonnais, le Nivernais, la Bretagne, la Vendée, etc., ont subi la même régénération.

L'hésitation de quelques cultivateurs à employer un élément aussi utile est bien extraordinaire et inexplicable. Nous entendons même dire quelquefois que la chaux ne donne qu'une vigueur factice, qu'elle ruine le sol ; que l'emploi de la chaux finit par rendre la terre stérile, enfin que le chaulage est une opération onéreuse. Cette dernière objection, qui est plus généralement faite, n'est pas plus fondée que les autres, et nous démontrerons, par ce qui suit, que ces errements ne se sont propagés que faute d'examen, que la chaux ne ruine pas le sol, et qu'avec les nouveaux et nombreux moyens de communications le chaulage peut se faire économiquement, même à de grandes distances.

La chaux épuise-t-elle les terres ? — La chaux décomposant les parties ligneuses des végétaux, décomposant et rendant assimilables les matières minérales, et augmentant la quantité des principes calcaires du sol, le rend plus fertile, cela est incontestable et reconnu par tous les agriculteurs.

Il en résulte que les récoltes sont plus abondantes et que les plantes sont plus *sapides* et plus nourrissantes : en effet, il suffit de chauler les terres sur lesquelles le bétail souffre pour le voir se régénérer. Bientôt le poil terne des animaux est remplacé par un poil brillant, une peau souple ; ils deviennent sains et forts, et sont plutôt exposés à avoir un sang trop riche qu'un sang trop aqueux.

Mais, reconnaissons-le, *rien ne vient de rien*. Si donc la chaux rend la terre plus propre à produire en faisant absorber par les plantes les matières qui restaient improductives dans le sol, il est de toute nécessité de remplacer ces matières. De plus, la chaux rend le sol capable d'élaborer une plus grande quantité de fumier, et, en se combinant avec les éléments de l'humus pour former les organes des plantes, elle engage celles-ci à prendre une plus grande quantité de nourriture. Il est donc de toute nécessité de fumer largement pour *rendre à la terre ce que les récoltes lui enlèvent;* cela d'ailleurs devient facile, puisque par le chaulage on augmente les produits. Si on emploie la fertilité du sol à donner une bonne part de plantes fourragères, telles que trèfle, luzerne, sainfoin, betterave, etc., et qu'on fasse consommer ces produits sur la ferme, on augmentera la production du fumier et on pourra fumer plus copieusement.

Il est utile de fumer copieusement après le chaulage, afin que la récolte abondante qui suit ne manque d'aucun élément de croissance vigoureuse. Continuez alors à rendre à la terre ce que vous lui enlevez, travaillez convenablement la terre, et vous verrez toujours régner l'abondance, sans crainte de vous voir appliquer ce vieux dicton, que *la chaux enrichit le père en ruinant les enfants.*

Afin de bien faire comprendre la nécessité du chaulage, nous devons entrer dans quelques considérations préliminaires sur la composition du sol, des engrais, des amendements, etc.

DE LA COMPOSITION DU SOL.

Le reproche le plus grave que l'on puisse adresser aux agriculteurs, est qu'ils ne se rendent pas assez compte de leurs opérations, et qu'ils ne s'inquiètent de l'effet produit : ainsi, que l'on demande à un cultivateur : Pourquoi fumez-vous vos terres? il est presque certain qu'il répondra : *Pardienne*, la bonne question, mais c'est pour les *engraisser*. Si vous lui demandez ensuite : Pourquoi semez-vous telle plante de préférence à telle autre? il ne manquera pas de vous dire que c'est parce que l'une *dégraisse* plus la terre que l'autre. Donc il reconnaît que les récoltes épuisent la terre, et qu'il est nécessaire de lui rendre ce que les récoltes lui ont enlevé, si on ne veut pas l'appauvrir.

Partant de ce principe, qui n'est contesté par personne, que, pour maintenir les terres en bon état de fertilité, il est nécessaire de leur rendre ce qui leur a été enlevé par les récoltes, il devient indispensable de savoir ce que chaque nature de plante enlève au sol. Cette connaissance seule permet de lui restituer les principes que les récoltes enlèvent.

Cependant bien peu d'agriculteurs se donnent la peine d'examiner ce que le sol perd; ils croient avoir tout fait en donnant au sol une quantité donnée d'engrais, et ils ne s'inquiètent pas de savoir si ces engrais contiennent les éléments que les récoltes ont absorbés. Aussi arrive-t-il fréquemment que les produits ne répondent pas à leurs espérances: tantôt on a de la paille et pas de grains, ou bien les plantes n'ont pas la force de se soutenir et versent. Alors on s'en prend au temps, à la masse des engrais, ou à d'autres causes ; tandis que le plus souvent c'est à eux qu'ils devraient s'en prendre, parce que ayant omis de restituer à la terre les principes constituant l'organisation des plantes, que les récoltes précédentes avaient enlevés, les plantes n'ont pu accomplir qu'imparfaitement leurs phases de végétation.

Les sols arables, quoique d'apparence et de qualité très-diverses, sont néanmoins formés des mêmes substances, et ne diffèrent que par les proportions de ces dernières.

Ils se composent de quatre éléments principaux, qui sont : l'alumine, la silice, la chaux et l'humus, et d'une partie infiniment moins considérable d'oxydes métalliques et de composés salins.

L'*alumine* ne se rencontre dans la terre arable que combinée avec la silice sous forme d'argile.

L'argile fait la base de toutes les bonnes terres arables ; lorsqu'elle domine, les terres sont difficiles à travailler et retiennent fortement l'eau : on les appelle alors terres glaiseuses. L'argile qui sert aux potiers, et qui est le type des terres glaises, est composée de :

Alumine	35 à 40
Silice	50 à 60
Oxyde de fer	5 à 10

Elle peut absorber jusqu'à 70 p. 100 d'eau, qu'elle retient énergiquement. Elle a aussi la faculté d'absorber les gaz fertilisants, et ne les cède que peu à peu. Ce fait explique pourquoi les terres argileuses ont besoin d'être mises en bon état de fumure avant qu'on puisse en tirer des produits.

On appelle terres argileuses celles qui contiennent plus de 50 p. 100 d'argile ; argilo-siliceuses, celles qui en contiennent de 30 à 50 p. 100, et silico-argileuses, celles qui en contiennent moins de 30 p. 100.

La *silice* ou sable modifie la trop grande plasticité de l'argile, rend les terres poreuses, pénétrables à l'air, et facilite la pénétration des eaux ; elle se trouve dans les terres à l'état de gravier, de gros sable, de sable fin et de poussière impalpable. Le sable ne retient que 20 à 30 p. 100 d'eau.

Lorsque la silice se trouve en excès, on dit que la terre est siliceuse. On doit se garder de travailler les terres de cette nature par les sécheresses : on pourrait les rendre improductives pour quelque temps.

La *chaux* existe dans toutes les bonnes terres. On la trouve généralement combinée avec l'acide carbonique : on la désigne alors sous le nom de carbonate de chaux ; on la trouve encore unie aux acides sulfurique et phosphorique. Nous décrirons plus loin ses propriétés physiques et chimiques, ainsi que le rôle qu'elle joue dans l'alimentation des végétaux.

Le *calcaire* est très-hygrométrique, il retient près de 85 p. 100 d'eau, il neutralise les acides que le sol contient, et sert à décomposer les matières minérales qui doivent servir à la nutrition des plantes. Les bonnes terres types en contiennent de 25 à 40 p. 100.

L'*humus ou terreau*, qui n'est autre chose que les débris des matières végétales, est l'agent le plus actif du sol, il rend fertiles les terres les plus arides, et il est indispensable à l'entretien des plantes. Les fumiers se transforment en humus en se décomposant dans la terre, et la chaux le rend soluble et assimilable par les plantes. Il maintient le sol dans un bon état d'humidité et peut absorber près de deux fois son poids d'eau.

La couleur foncée du terreau lui donne la propriété d'absorber la chaleur et de la retenir assez longtemps. Il modifie la texture du sol, et on peut dire que la fertilité du sol est en rapport avec la quantité d'humus qu'il contient, pourvu toutefois que cette quantité ne dépasse pas 20 p. 100 de son poids, parce qu'alors le sol devient trop poreux et trop sujet à la sécheresse.

Une bonne terre contient toujours au moins 3 p. 100 d'humus.

DE LA COMPOSITION DES PLANTES.

Les plantes sont formées de carbone ou charbon, d'hydrogène, d'oxygène, d'azote et de parties minérales.

Leur analyse nous apprendra en quelle quantité ces principes se rencontrent dans leur tissu, et nous indiquera ce qu'elles ont pu enlever aux engrais, au sol et à l'air.

Elles renferment pendant leur vie une quantité considérable d'eau de végétation, qui varie de 25 à 95 p. 100, et une proportion variable d'eau de combinaison.

Nous allons indiquer les résultats de l'analyse des principales plantes cultivées, afin de pouvoir établir quelques conséquences pratiques sur l'emploi des engrais et des amendements.

Avoine.

Dans les conditions ordinaires de siccité, la *paille* et le *grain* de l'avoine contiennent, d'après M. Boussingault :

	Paille.	Grain.
Eau de combinaison	28,50	20,80
Matières solides.	71,50	79,20

Ces matières solides se composent de :

Matières organiques.

	Paille.	Grain.
1. Carbone.	35,93	40,47
2. Hydrogène.	3,92	5,10
3. Oxygène.	27,74	28,70
4. Azote.	0,28	1,77

Matières minérales.

	Paille.		Grain.	
5. Potasse et soude	1,053		0,408	
6. Chaux et magnésie	0,402		0,360	
7. Silice	1,452		1,684	
8. Oxydes métalliques	0,076		0,041	
9. Acide phosphorique	0,109	3,63	0,471	3,16
10. Acide sulfurique	0,149		0,032	
11. Acide carbonique	0,116		0,054	
12. Chlore	0,171		0,016	
13. Humidité, perte, etc.	0,102		0,094	
	71,50		79,20	

Par l'analyse générale de l'*avoine*, il nous sera facile de savoir ce qu'une récolte aura enlevé au sol et à l'air, c'est-à-dire, en nous servant de l'expression adoptée par les cultivateurs, de combien elle aura appauvri le sol.

Admettons qu'un hectare rapporte 35 hectolitres du poids de 50 kilogrammes, soit 1750 kilogrammes, et 4000 kilogrammes de paille, elle aura absorbé :

Matières végétales.	Paille. kil.	Grains. kil.	Totaux. kil.
Eau de combinaison.........	1,140	364	1,504
Carbone ou charbon........	1,437	708	2,145
Hydrogène.................	157	89	246
Oxygène.	1,110	502	1,612
Azote.....................	11	31	42
Potasse et soude...........	42	7	49
Matières minérales.			
Chaux et magnésie.........	16	6	22
Silice....................	58	29	87
Oxydes métalliques........	3	1	4
Acide phosphorique........	4	9	13
— sulfurique.........	6	1	7
— carbonique.........	5	1	6
Chlore...................	7	0	7
Perte....................	4	2	6
	4,000	1,750	5,750

Seigle.

D'après M. Boussingault, la paille de seigle contient 18,70 d'eau de combinaison et 81,30 de matière solide sur 100, et le grain renferme 17 d'eau et 83 de matières sèches composées de :

Matières végétales.	Paille.		Grain.	
Carbone ou charbon...............	40,55		38,47	
Hydrogène.......................	4,54		4,47	
Oxygène	32,98		36,69	
Azote...........................	0,24		1,40	
Matières minérales.				
Potasse et soude...............	0,526		0,524	
Chaux et magnésie.............	0,341		0,300	
Silice.........................	1,928		0,126	
Oxydes métalliques........	0,042	2,99	0,026	1,97
Acide phosphorique........	0,114		0,976	
Acide sulfurique............	0,024		0,018	
Chlore......................	0,015		0,000	
	81,30		83,00	

L'hectare de seigle rapporte en moyenne 20 hectolitres de grain du poids de 75 kilogrammes, soit
1500 kilogrammes et en paille 3500 kilogrammes.
Ces produits auront donc enlevé au sol :

Matières végétales.	Paille. kil.	Grains. kil.	Totaux. kil.
Eau de combinaison.......	655	255	910
Carbone ou charbon.......	1,419	577	1,996
Hydrogène...............	159	67	226
Oxygène.................	1,154	551	1,705
Azote	8	21	29
Matières minérales.			
Potasse et soude..........	18	8	26
Chaux et magnésie........	12	4	16
Silice................ ...	67	2	69
Oxydes métalliques.......	2	0	2
Acide phosphorique.......	4	15	19
Acide sulfurique..........	1	0	1
Chlore.................	1	0	1
	3,500	1,500	5,000

Froment.

Rentrée dans de bonnes conditions ordinaires,
la paille de froment renferme 26 p. 100 d'eau et
74 p. 100 de matières sèches, et le grain contient
14 p. 100 d'eau et 85,50 p. 100 de matières solides.
La matière sèche se compose de :

Matières végétales.	Paille.	Grains.
Carbone ou charbon...............	35,875	39,416
Hydrogène.....................	4,003	4,959
Oxygène......................	28,705	37,107
Azote.......................	0,259	1,958
A reporter...............	68,842	83,440

Reports............	68,842	83,440

Matières minérales.

	Paille	Grains
Potasse..................	0,665	0,608
Chaux et magnésie........	0,588	0,387
Silice....................	2,749	0,027
Oxydes métalliques........	0,067	0,000
Acide phosphorique.......	0,722 } 5,158	0,968 } 2,060
Acide sulfurique..........	0,052	0,021
Acide chlorhydrique.......	0,029	0,000
Chlore....................	0,000	0,000
Perte....................	0.286	0,049
	74,000	85,500

Prenons comme moyenne de rendement d'un hectare 20 hectolitres à 80 kilogrammes, soit 1600 kilogrammes, et 3700 kilogrammes de paille, et nous verrons la quantité de matière que cette récolte aura enlevée au sol.

Parties végétales.	Paille. kil.	Grains. kil.	Totaux. kil.
Eau de combinaison.......	962	232	1,194
Carbone ou charbon.......	1,327	631	1,958
Hydrogène...............	148	79	227
Oxygène.................	1,062	594	1,656
Azote...................	10	31	41
Parties minérales.			
Potasse.................	25	10	35
Chaux et magnésie........	22	6	28
Silice..................	102	1	103
Oxydes métalliques........	2	0	2
Acide phosphorique.......	27	16	43
Acide sulfurique..........	2	0	2
Acide chlorhydrique.......	1	0	1
Chlore..................	0	0	0
Perte..................	10	0	10
	3,700	1,600	5,300

Orge.

Dans les conditions ordinaires de siccité, 100 parties d'orge se composent de :

	Paille.	Grains.
Eau de combinaison	11	11,20
Matières sèches	89	88,80

Les parties sèches sont formées de :

	Paille.	Grains.
Matières organiques végétales	84,43	86,20
Matières végétales	4,57	2,60

Les matières végétales sont toujours composées de carbone, d'hydrogène, d'oxygène et d'azote.

Et les matières minérales sont composées des mêmes éléments que nous avons indiqués dans les précédentes analyses, la proportion seule varie.

Maïs.

100 parties de maïs sont composées de :

	Paille.	Grains.
Eau de combinaison	18	14,50
Matières sèches	82	85,50

Les parties sèches se composent de :

	Paille.	Grains.
Matières organiques végétales	73,60	83,50
Cendres minérales	8,40	2,00

Foin des prairies naturelles.

100 parties de foin des prairies naturelles se composent de :

Eau de combinaison	11	parties.
Matières sèches	89	—

Et les 89 parties de matières sèches sont formées de :

Matières organiques végétales	83,48	parties.
Cendres végétales	5,52	—

Trèfle.

Rentrées dans de bonnes conditions, 100 parties de foin de trèfle sont composées de :

Eau de combinaison............	21	parties.
Matières sèches...............	79	—

Les matières sèches contiennent :

Matières organiques végétales....	72,87	parties.
Cendres minérales.............	6,13	—

Betteraves.

Dans 100 parties de betteraves il y a :

Eau.......................	87,80	parties.
Matières organiques végétales....	11,44	—
Matières minérales............	0,76	—

Pommes de terre.

La pomme de terre renferme dans 100 parties :

Eau.......................	76	parties.
Matières organiques végétales...	23	—
Cendres minérales............	1	—

Colza.

Les tiges, siliques et graines de colza sont composées, sur 100 parties sèches, de :

Matières organiques végétales....	96,13	parties.
Cendres minérales.............	3,87	—

DE L'EMPLOI ET DU DOSAGE DES ENGRAIS.

Les données analytiques qui précèdent permettent de se rendre compte de la nature et de la quantité d'engrais et d'amendements qu'une rotation enlève au sol, et de ceux qu'il est nécessaire de lui rendre : car on ne doit jamais oublier que les terres, même les plus riches, ne peuvent conserver leur fertilité qu'autant qu'on restitue au sol au moins l'équivalent de ce que les récoltes lui enlèvent.

Nous compléterons nos données par l'analyse du fumier de ferme.

Composition de fumier de ferme.

Le fumier de ferme se compose, d'après M. Boussingault, sur 1000 parties en poids, de : .

Eau....................................	793 kil.
Matières sèches.......................	207 —
	1000 kil.

La matière complétement sèche est formée de :

Matières organiques végétales.	kil.
Carbone ou charbon....................	74,106
Hydrogène.............................	8,694
Oxygène...............................	53,406
Azote.................................	4,140

Matières minérales.		
Potasse et soude...............	5,200	
Chaux et magnésie.............	8,134	
Silice et argile................	44,256	
Oxydes métalliques............	4,065	66,654
Acide phosphorique............	2,000	
Acide sulfurique..............	1,266	
Acide carbonique.............	1,333	
Chlore	0,400	
		207,000

Quantité de fumier à employer.

Il nous reste maintenant à connaître la quantité de

fumier nécessaire pour restituer au sol ce qu'une rotation de culture lui aura enlevé.

Admettons, par exemple, que l'assolement se compose de colza, blé, trèfle, avoine. Le colza rend en moyenne (siliques, paille et grain) 6000 kilogrammes qui contiennent, pour 100 kilogrammes, 96,13 de matières organiques végétales et 3,87 de cendres minérales. La récolte aura donc enlevé au sol :

	Matières organiques.	Matières minérales.
Récolte de colza....................	5,767,80	232,20
Le blé enlèvera, d'après le tableau qui précède.........................	3,882,19	223,81
Le trèfle, en supposant deux coupes donnant 6000 kil..................	4,372,20	367,80
Et l'avoine........................	4,045,50	200,50
Total pour la rotation......	18,067,69	1,024,31

La rotation, qui est de quatre années, aura donc enlevé au sol 18 067,69 de matières organiques végétales consistant en carbone, hydrogène, oxygène et azote, et 1024,31 de matières minérales : potasse, chaux, silice, argile, etc. Or, nous voyons que 1000 kilogrammes de bon fumier de ferme ne contiennent que 140 kil., 346 de matières organiques ; il faudrait donc, pour balancer la perte éprouvée par la terre, lui donner environ 128 000 kilogrammes de fumier. Cette quantité de fumier contiendrait, il est vrai, 8531 kilogrammes de matières minérales, quantité huit fois plus grande que celle que les récoltes auront enlevée. Il est donc probable qu'avec cette dose de fumier le sol serait sensiblement fertilisé ; mais nous devons faire observer que le fumier dont nous donnons l'analyse se trouvait dans de bonnes conditions, et avait conservé toutes ses parties minérales, tandis que celui qu'on emploie dans la plupart des fermes est loin d'avoir autant de valeur. Ne voit-on pas généralement les fumiers de fermes lavés par les eaux de pluie, et le purin se perdre dans les chemins ? il en résulte que les sels solubles dans l'eau s'en vont à la rivière et sont complétement perdus. De plus, les pluies enlèvent encore au sol une grande masse de matières fertilisantes.

C'est pour ces raisons que, même avec une bonne culture et malgré des fumures convenables, il est des principes complémentaires qu'il est nécessaire de donner au sol, soit pour modifier sa texture, soit pour compléter les éléments qui manquent dans les engrais. Ces principes sont désignés sous le nom d'amendements.

DES AMENDEMENTS.

Par ce qui précède on a pu voir qu'une terre, pour être fertile, doit contenir tous les éléments qui entrent dans la composition des plantes qu'elle doit produire. Le sol se trouverait dans les conditions les plus favorables, s'il était composé de :

Argile	30	p. 100
Silice et sable	30	—
Calcaire	30	—
Sels	2 à 3	—
Terreau	7 à 8	—

Peu de terres présentent cette composition normale, mais les sols fertiles s'en approchent plus ou moins.

L'objet des amendements est donc de rétablir, autant que possible, cette moyenne si désirable.

Les agents servant à l'amélioration des terrains peuvent se diviser en trois classes : ce sont les *amendements naturels*, les *amendements simples*, les *amendements calcaires*.

1° Amendements naturels.

Les principaux *amendements naturels* sont l'air, la chaleur, la lumière et l'eau, que l'agriculteur a toujours à sa disposition et dont il néglige souvent de profiter.

L'*air* apporte à la terre l'oxygène qui modifie certains principes minéraux et contribue à la formation des sels solubles assimilables. L'air contient encore de l'azote, de l'ammoniaque et des nitrates. Son acide carbonique sert à la formation des carbonates; dissous dans l'eau du sol, il sert à la nourriture des plantes.

La *chaleur* a une influence considérable, elle est la source de la vie, et facilite la décomposition de l'acide carbonique qui nourrit les plantes.

L'*eau* est l'agent le plus indispensable à la vie des plantes, qui en contiennent d'énormes proportions : sans l'eau, toute végétation cesse.

En résumé, c'est l'air qui, avec la chaleur et l'humidité, réveille la vie engourdie dans les germes des plantes.

On peut encore considérer comme une section des amendements naturels, les labours, les assolements, l'écobuage, l'irrigation et le drainage, qui tous concourent à la modification du sol et sont des amendements mécaniques.

Les labours divisent la terre et l'exposent aux influences bienfaisantes de l'air, de la chaleur et de l'humidité.

Les *assolements*, en faisant alterner les végétaux et succéder à une plante épuisante une plante améliorante, conservent à la terre ses matières fertilisantes, et permettent de supprimer la jachère.

L'*écobuage* modifie le sol en convertissant en matières minérales et fertilisantes l'excès d'humus que contiennent les sols tourbeux. L'action du feu rend les sols moins compactes, moins tenaces et diminue la force avec laquelle ils retiennent l'eau. Appliqué d'une manière convenable aux terrains fortement argileux, l'écobuage les rend plus légers, plus poreux, et les porte à un état voisin de celui du sable.

L'*irrigation* est surtout favorable aux terrains sableux et aux prairies naturelles; mais si l'eau appliquée avec discernement est de la plus grande utilité, elle devient nuisible lorsqu'elle est appliquée avec excès ou qu'elle reste stagnante.

Le *drainage* assainit les terrains humides, ameublit ceux qui sont trop compactes, aère et réchauffe la terre, lui donne de la perméabilité et la rend plus fertile.

2° Amendements simples.

Les *amendements simples* sont ceux qu'on emploie pour modérer les propriétés physiques de la terre. On les répand le plus souvent à fortes doses. Les uns servent à rendre le sol plus léger, plus perméable : ce sont les sables qu'on emploie sur les sols trop argileux; les autres servent à donner de la consistance aux sols trop meubles, pour les rendre sus-

ceptibles de retenir l'eau, et alors on emploie l'argile.
On se sert aussi de graviers, de scories et d'argile cuite.

Les *amendements calcaires* sont ceux qui modifient
le sol en même temps qu'ils le fertilisent. Ce sont les
amendements par excellence.

3° Amendements calcaires.

Le calcaire est un des agents principaux de la végétation, qui se rencontre dans la constitution de
toutes les plantes en notables proportions, comme
on a pu le voir dans les résultats d'analyses que nous
avons donnés précédemment.

L'importance des amendements calcaires nous
oblige de nous étendre plus longuement sur sa
valeur, la nécessité de son usage, et les avantages
qu'il procure au cultivateur qui l'emploie avec intel-
ligence et discernement.

Nécessité de la présence du calcaire dans les terres cultivées.

La chaux se trouve dans le sol à l'état de carbonate,
de sulfate et de phosphate ; c'est-à-dire que l'analyse des terres y fait découvrir de la chaux combinée
avec l'acide carbonique (c'est sous cette même forme
qu'elle existe dans les marnes, la pierre à chaux, le
marbre, etc.), du sulfate de chaux (c'est-à-dire la chaux
combinée avec l'acide sulfurique, et qui n'est autre
chose que ce qu'on appelle vulgairement la *pierre
à plâtre*), et du phosphate de chaux (chaux combinée avec l'acide phosphorique). C'est sous cette
dernière forme que la chaux se trouve dans les os ;
les noirs d'os brûlés dont on se sert en agriculture
contiennent jusqu'à 85 p. 100 de phosphate de chaux.

Comme on a pu le voir dans les analyses des plantes, pages 16 à 21, toutes les plantes usuelles contiennent de la chaux en notable proportion : or, comme il est évident que *rien ne vient de rien*, pour que les plantes prennent dans la terre la chaux nécessaire à leur formation, il faut que cette chaux y existe, et de plus il faut qu'elle s'y trouve sous une forme assimilable aux végétaux.

Toutes les plantes n'enlèvent pas à la terre la même quantité de chaux : ainsi, tandis qu'une récolte de seigle n'en enlève qu'environ 15 kilogrammes par hectare, il en faut 90 à 100 kilogrammes pour une récolte de trèfle, et jusqu'à 200 kilogrammes pour la luzerne.

C'est pourquoi les plantes fourragères de la famille des légumineuses, telles que le trèfle, la lupuline, les vesces, la luzerne, le sainfoin, n'ont de chance de réussite que dans les terrains qui contiennent du calcaire en notable proportion ; lorsqu'il n'y existe pas naturellement, il est indispensable de l'y additionner artificiellement.

Des expériences ont prouvé, il est vrai, que les eaux pluviales peuvent apporter sur le sol une petite quantité de chaux, et c'est même ce qui peut expliquer la réussite du seigle et de quelques autres plantes qui en contiennent une faible proportion, dans des terrains qui en sont dépourvus ; mais cette proportion que M. *Isidore Pierre*, le savant professeur de chimie à la Faculté des sciences de Caen, évalue à 25 kilogrammes par an et par hectare, est de beaucoup trop faible pour compenser les pertes annuelles ; d'ailleurs, reste à démontrer si les eaux pluviales, en s'infiltrant dans la terre, n'entraînent pas hors de la portée des racines une quantité de chaux supérieure à celle qu'elles y apportent, et si en résumé elles n'appauvrissent pas le sol.

Il est d'ailleurs un fait matériel reconnu par tous les cultivateurs, c'est que l'addition du calcaire dans presque tous les sols qui n'en contiennent qu'en faible proportion produit des effets remarquables.

Le chaulage a complétement transformé des contrées entières : la Mayenne, entre autres, qui aujourd'hui rivalise avec la Normandie pour l'engraissement des bestiaux et les productions végétales, et qui avant l'introduction de la méthode du chaulage n'était que landes et présentait un aspect de désolation.

Si tous les cultivateurs reconnaissent la nécessité d'ajouter l'élément calcaire au sol, il s'en faut de beaucoup que tous se rendent compte des effets de cette opération, aussi voit-on appliquer indifféremment, et souvent simultanément, le calcaire sous forme de marne, ou sous forme de chaux vive. L'effet produit est cependant loin d'être le même, et c'est faute de faire une application raisonnée de l'amendement calcaire, que des cultivateurs n'ont pas réussi. Nous pensons donc que quelques notions sur l'emploi des matières calcaires seront favorablement accueillies par les cultivateurs.

Terrains auxquels le chaulage convient.

Toutes les terres qui, traitées par un acide, par le vinaigre, par exemple, ne font pas une effervescence sensible, manquent de principes calcaires ou n'en contiennent pas une quantité suffisante pour assurer leur fertilité, et doivent être chaulées.

Lorsqu'on voit paraître dans les prairies des plantes acides, telles que joncs, prêles, laiches, renoncules, persicaires, etc., et par contre disparaître les légumineuses, telles que le petit trèfle, la minette, etc., on doit chauler.

Les sols siliceux dans lesquels abondent la fougère, le petit jonc, l'oseille, les mousses, etc., manquent de calcaire; le chaulage fait disparaître ces plantes, véritables fléaux de l'agriculture, et on les voit bientôt remplacées par la minette et le petit trèfle blanc.

Lorsque la chaux manque à la terre, les plantes fourragères perdent de leurs qualités nutritives, et c'est probablement à cette cause qu'il faut rapporter ce fait constaté par les relevés statistiques : qu'à l'exception des animaux gras provenant de la vallée d'Auge, les bœufs engraissés dans les pâturages de la Normandie, ont diminué de poids ; on constate une différence de 50 kilogrammes par tête de bétail, et cela depuis seulement un quart de siècle.

Or, on ne peut rapporter ce fait, qui est authentique, qu'à la déperdition de la chaux contenue dans la terre, et par suite à l'appauvrissement du sol. Et, en effet, on a remarqué dans toutes les contrées à herbages, que les animaux élevés sur les terres calcaires sont plus gros que ceux élevés sur des terres manquant de ce principe.

L'exception présentée par les produits de la vallée d'Auge confirme ce que nous rapportons. Cette vallée est formée d'alluvions marines et renferme naturellement et en notable proportion des principes calcaires qui manquent aux herbages des autres parties de la Normandie.

Modes d'emploi de la chaux.

Trois méthodes de chaulage sont usitées en France.

La première consiste à disposer la chaux dans le champ en petits tas, distants l'un de l'autre de 4 à 5 mètres ; on recouvre ensuite ces tas d'environ 20 centimètres de terre : la chaux ainsi renfermée s'humecte lentement et tombe en poussière ; on la répand ensuite à la pelle uniformément à la surface du champ qu'on laboure ensuite.

Au lieu de disséminer ainsi la chaux par petits tas, on en fait quelquefois des monceaux allongés auxquels on a donné le nom de *tombes*. On les traite de la même manière, seulement on est obligé de la transporter par voitures ou à la brouette pour la répandre : c'est un surcroît de dépenses ; mais, par compensation, on jouit du champ sur lequel la chaux doit être répandue, et de plus l'épandage peut se faire quand on le juge convenable. On peut ainsi attendre plusieurs mois. Cette méthode nous paraît, pour cette raison, être plus avantageuse.

La seconde méthode employée pour l'épandage de la chaux consiste à la laisser se déliter préalablement à l'air libre, et ensuite à la semer comme on sème le plâtre, ou mieux au moyen d'un semoir à engrais. Par cette méthode, l'épandage se fait très-régulièrement ; mais il est nécessaire de mettre la chaux sous un hangar, à couvert de la pluie : car si elle était mouillée elle se déliterait trop vite et formerait une espèce de boue qui empêcherait de l'épandre uniformément.

La troisième méthode, qui est de beaucoup la meilleure, consiste à employer la chaux en *compost*, c'est-à-dire en mélange avec diverses matières : on fait un carré d'une superficie proportionnée à la quantité de chaux qu'on veut employer et on y forme un premier lit avec du terreau, des mauvaises herbes, des détritus de toute espèce, des boues, des curures de mares ou de fossés, des poussières de route, des débris de démolitions, etc., etc., toutes substances riches en sels divers, nitrates, oxalates, etc., etc. Sur ce premier lit on répand uniformément un lit de chaux que l'on recouvre ensuite d'un lit des substances qui doivent former le compost, et on continue ainsi à monter un tas de 1ᵐ,50 à 2 mètres de hauteur, en alternant toujours un lit de chaux et un lit de substances diverses. On a soin de battre un peu les parois extérieures et de bomber le dessus afin d'empêcher la pénétration de la pluie dans l'intérieur de la motte ; on laisse le tout en repos pendant un mois ou deux ; ensuite on recoupe verticalement et on forme une nouvelle masse qu'on laisse encore en repos pendant au moins un mois ; après ce temps on peut l'épandre sur la terre.

Cette méthode a l'énorme avantage de rendre les effets de la chaux immédiatement sensibles. Il est facile de se rendre compte de ce fait : les sels contenus dans les matières organiques entrées dans la composition du *compost* agissent sur la chaux pendant la macération à laquelle ils ont été soumis, et il s'est formé des principes solubles immédiatement assimilables, c'est-à-dire tout préparés pour la nutrition des végétaux. Lorsqu'on mêle de la chaux vive avec une matière végétale, fibreuse, humide, elles réagissent fortement l'une sur l'autre et donnent naissance à un composé en partie soluble : la première rend nutritive la deuxième qui était, pour ainsi dire, inerte, et comme celle-ci renferme beaucoup de carbone et d'oxygène, à son tour elle convertit celle-là en carbonate.

Des diverses espèces de chaux.

Le but de cette notice étant de faire ressortir les avantages que l'emploi de la chaux offre aux cultivateurs, nous n'avons pas à nous préoccuper de l'analyse de la pierre à chaux ni des méthodes plus ou moins économiques de fabrication ; le grand point pour l'agriculteur c'est de pouvoir se procurer économiquement de la bonne chaux. On distingue quatre espèces de chaux, qui possèdent chacune des propriétés particulières :

1° *La chaux grasse.* C'est la plus estimée en agriculture, et elle est d'*autant meilleure qu'elle foisonne davantage* et qu'elle se délite avec plus de facilité. Au contact de l'eau, elle dégage beaucoup de chaleur et se délite rapidement.

Elle est meilleure et plus estimée parce qu'elle est plus pure que les autres et que son efficacité n'est amoindrie par aucun mélange de substances étrangères. Elle a donc un plus grand effet que les autres pour une même quantité. La chaux grasse ne peut être fabriquée qu'avec des calcaires presque purs : les plus avantageux sont ceux que l'on trouve à l'état de marbre, tels sont les dépôts de calcaire ancien enclavés dans les roches métamorphiques du département de la Manche : ce calcaire exploité près de Saint-Lô; par la Compagnie des canaux de la Manche, et cuit dans d'immenses fours construits sur le modèle de ceux de Belgique, donne l'une des chaux agricoles les plus pures du nord-ouest de la France, et l'une des plus avantageuses puisqu'elle foisonne de deux fois et demi à trois fois son volume primitif.

2° *La chaux maigre.* Elle est habituellement grise, se délite moins facilement et foisonne beaucoup moins que la chaux grasse.

3° *La chaux hydraulique.* Cette chaux, qui provient de pierres calcaires contenant de l'argile, est ordinairement jaunâtre, se délite difficilement et foisonne peu ; elle est peu employée pour l'agriculture, et seulement dans les contrées où il n'y a pas de calcaire pur, mais elle se montre désavantageuse relativement à la chaux grasse. En effet, elle contient en moyenne 20 p. 100 d'argile qui en atténue l'efficacité et rend les résultats plus lents et moins sensibles. L'hydraulicité de la chaux est un défaut excessivement grave au point de vue agricole : car s'il survient de la pluie peu de temps après l'épandage, ou si le terrain est très-humide, la chaux s'agglomère, durcit et forme des espèces de cailloux qui ne peuvent avoir aucun effet utile sur la végétation, et dès lors le but est manqué. Les habitants de la campagne sont parfois induits en erreur par l'aspect extérieur de la chaux hydraulique, qui est généralement en gros morceaux ; ils la croient plus avantageuse que la chaux en poussière et lui accordent la préférence. Ils ne sauraient se tromper plus complétement. La chaux hydraulique doit à l'argile, qu'elle renferme en mélange intime, cette dureté qui lui permet de passer à travers le four sans se briser davantage : ainsi plus une chaux est grosse et entière, plus elle contient une proportion considérable d'argile et moins elle foisonne : de pareille chaux n'augmente pas d'une demi-fois son volume primitif par extinction.

Les chaux vraiment agricoles et pures sont tendres, légèrement friables : la présence d'une certaine quantité de poussière est donc un indice certain de la pureté de la chaux.

Un véritable agriculteur recherchera toujours la chaux mélangée de un quart à un tiers de poussière, parce que ces variétés de chaux foisonnent beaucoup plus que celles qui sont en pierres dures, et qu'elles se montrent toujours d'une qualité supérieure aux autres.

Que les agriculteurs emploient la chaux hydraulique là où il n'y en a pas de meilleure, cela se conçoit ; mais partout où la chaux grasse existe, partout où elle peut être apportée économiquement par bateaux ou par chemins de fer, on devra rejeter pour l'agriculture les chaux hydrauliques ou maigres qui, à poids égal, ne contiennent qu'une moindre quantité de principe actif, et qui cependant coûtent le même prix, ou même un prix supérieur.

4° *La chaux magnésienne*, c'est-à-dire qui est mélangée avec de la magnésie, substance qui a beaucoup d'analogie avec la chaux, et qu'on trouve en quantité notable dans la plupart des graines.

On lui reproche d'épuiser les terres et d'exiger le concours d'engrais plus abondants.

Cette chaux foisonne beaucoup moins et plus lentement que la chaux grasse. Il est facile de reconnaître la présence de la magnésie dans la chaux, et voici comment on opère. On prend quelques grammes de la chaux à essayer, et on verse dessus de l'acide chlorhydrique (esprit de sel) étendu de deux parties d'eau : la chaux s'y dissout presque complétement, si elle est pure. On traite alors la dissolution par l'ammoniaque pure; si la chaux contient de la magnésie, elle donnera un précipité blanc, floconneux, d'autant plus abondant que la proportion de magnésie sera plus considérable; si, au contraire, la chaux est pure, il ne se formera dans la liqueur qu'un trouble insignifiant.

Il est donc de la plus haute importance pour le cultivateur de savoir quelle chaux il emploie : il y a ici non-seulement une question d'économie, mais encore une question de réussite. On comprend que plus une chaux foisonne, moins il faut en employer pour obtenir les mêmes résultats, et, par conséquent, plus il y a d'économie : en effet, plus la chaux foisonne, plus grande est la surface sur laquelle on peut l'épandre, plus son mélange avec la terre est intime, la presque totalité est utilisée par les végétaux, et dès lors il en faut moins.

Comme chaux type, nous devons indiquer celle produite par les usines établies à la Rocque-Genest (entre Isigny et Saint-Lô), dans le département de la Manche. Cette chaux, une des meilleures que nous connaissions pour l'agriculture, foisonne de deux et demi à trois fois son volume.

Le mètre cube de chaux vive, pris au four, pèse 1353 kilogrammes; le poids, après foisonnement, est de 1900 à 2280 kilogrammes. Elle se vend, prise au four, 14 francs les 1000 kilogrammes, soit par hectolitre en poudre, 0,76 à 0,63 centimes[1].

Quantité de chaux à employer.

On emploie le plus ordinairement de 100 à 200 hectolitres de chaux par hectare; mais, comme la chaux foisonne plus ou moins, il est certain que cette mesure n'a rien d'exact, et nous engageons les agriculteurs à n'acheter la chaux qu'au poids, ou au moins à se rendre compte du poids de l'hectolitre. Dans quelques localités on l'emploie à beaucoup plus faible dose : ainsi, dans la Sarthe, on met 8 à 10 hectolitres par hectare et on chaule tous les trois ans; dans l'Ain, de 60 à 100 hectolitres tous les neuf ans ; dans la Mayenne, de 40 à 50 hectolitres tous les dix à douze ans; c'est à peu près la même dose que dans la Flandre. Dans le Calvados, on met de 4 à 6000 kilogrammes de chaux par hectare, et elle dure une moyenne de 4 à 6 ans. Comme on le voit par ce qui précède, il n'y a rien d'absolu ni pour la quantité de chaux à employer ni pour la durée de son effet utile; c'est au cultivateur intelligent à observer et à agir suivant les besoins de son sol et de son genre de culture.

---

1. Il existe plusieurs fours à chaux dans le département du Calvados, mais la chaux qu'ils fournissent est généralement maigre et le plus souvent hydraulique; cela explique la préférence donnée par les cultivateurs à la chaux grasse de la Manche. Pour s'en convaincre, il suffit de savoir qu'en 1857 les fours à chaux de MM. A. Mosselman et Cie, établis à la Roque et à Bahais, en ont fourni 35 000 000 de kilogrammes. Depuis l'ouverture de la ligne de fer qui traverse le Calvados et la Manche, leurs débouchés ont encore considérablement augmenté.

Nous ajouterons toutefois que l'expérience prouve qu'il vaut mieux chauler moins énergiquement et recommencer plus souvent.

Autres usages de la chaux.

Composts divers.—Il se perd dans les fermes une infinité d'éléments d'engrais qui pourraient entrer dans les composts. Peu de fermes possèdent des fosses à compost; l'engrais est-il donc si abondant qu'il faille le gaspiller et le perdre en grande partie? Il suffirait, pour créer une abondante mine d'engrais dans la plupart des habitations rurales, d'un peu de chaux.

Ainsi, dans la Normandie, les fermes sont encombrées de marc de pommes, provenant de la fabrication du cidre. Que fait-on de cette substance? Peu de chose; il suffirait cependant de la mélanger avec un peu de chaux, comme nous l'avons expliqué en parlant de l'emploi de la chaux en compost, pour en produire un excellent engrais, pouvant être appliqué avantageusement à toutes les cultures, et principalement sur les herbages.

N'a-t-on pas dans les fermes une infinité de mauvaises herbes qu'on arrache, et qu'on jette dans les chemins, d'où les graines vont empester les champs? Pourquoi ne pas en faire des composts? cela n'est vraiment pas difficile, il suffit de le vouloir.

Chaulage des blés.—Cette pratique est en vigueur depuis un temps immémorial; l'expérience a démontré qu'elle préserve le grain de plusieurs maladies, principalement de la carie, et qu'elle éloigne les animaux granivores.

On emploie assez généralement le procédé suivant

pour un hectolitre de blé à préparer. On fait dissoudre, dans 9 à 10 litres d'eau, 640 grammes de *sulfate de soude* ; on prend, d'un autre côté, 2 kilogr. de *chaux vive* qu'on plonge dans l'eau pendant quelques instants et qu'on expose ensuite à l'air pour la faire déliter. On met alors en tas sur le carreau, ou mieux dans un baquet, le grain, et tandis qu'un homme le remue à la pelle, un autre l'arrose avec la dissolution de sulfate de soude. Quand le grain est également humecté, on le saupoudre de chaux en continuant de le remuer jusqu'à ce que tous les grains en soient bien imprégnés.

Chaulage des arbres fruitiers.—Cette opération se pratique vers la fin de l'automne. On fait un lait de chaux un peu épais et on en couvre la tige et les principales branches des arbres, après avoir eu soin d'en enlever préalablement la mousse.

Répandue en poudre sur le sol, la chaux détruit les germes d'une infinité d'animaux qui sont un véritable fléau pour le cultivateur. On peut encore se servir du lait de chaux pour la destruction des œufs de chenilles : il suffit pour cela d'en arroser les arbres au moyen d'une pompe foulante. Cette opération se fait au printemps, au moment où les feuilles commencent à se développer.

Chaulage des écuries, étables, etc. — La salubrité des bâtiments à l'usage des animaux domestiques est trop souvent négligée.

Il ne suffit pas, pour entretenir les animaux convenablement, de leur donner une nourriture copieuse ; il faut encore employer les moyens hygiéniques pour les préserver des maladies causées souvent par l'air vicié qu'ils respirent, ou par des insectes dangereux tombés dans leurs aliments. Un badigeonnage au lait de chaux, répété au printemps et à l'automne, assainira les bâtiments et préservera les bestiaux de maladies souvent dangereuses.

DU MARNAGE.

Caractères de la marne ; espèces diverses.

L'usage des marnes est fort ancien. Pline fait l'honneur de la découverte des bons effets de cet amendement aux Gaulois et aux Bretons : ces peuples, selon lui, en faisaient un tel cas qu'ils ne craignaient pas d'aller fouiller à 30 mètres de profondeur et plus dans le sein de la terre, pour aller trouver ce précieux amendement. Cependant, pendant plusieurs siècles, la culture avait été tellement abandonnée, que la pratique du marnage était presque oubliée, lorsque Bernard Palissy la remit en honneur en la préconisant dans un traité spécial, publié en 1636 ; mais ce n'est toutefois que vers 1700 qu'on commença à marner les champs d'une manière suivie.

On donne le nom de marne à une sorte de terre composée de carbonate de chaux et d'argile et qui contient en outre de la silice, de l'oxyde de fer et des alcalis.

La marne agit sur le sol, principalement par son carbonate de chaux ; elle ameublit les terres trop compactes en se mêlant à l'argile qu'elle rend perméable, et par son argile elle donne de la ténacité aux sols trop poreux. Elle agit encore chimiquement comme la chaux, mais moins énergiquement : comme cette derpière, elle constitue un amendement-engrais, donne de l'activité aux terres, et facilite la décomposition des principes minéraux.

Le caractère dominant des bonnes marnes consiste dans la facilité qu'elles possèdent de se déliter lorsqu'elles sont exposées à l'air.

La marne possède d'autant plus d'activité et de valeur qu'elle se délite plus complétement et avec plus de facilité. C'est M. de Gasparin qui appela le premier l'attention des agronomes sur ce point important et signala l'influence de la présence dans la marne des *rognons* ou *nodules* de calcaire compacte non délitable.

Ayant eu à rendre compte de la différence considérable d'effets de deux marnes du département du Gers, dans lesquelles l'analyse chimique ne montrait que des différences insignifiantes de composition, il trouva que l'une, mise à déliter dans l'eau, y laissait 87,5 p. 100 de nodules calcaires, tandis que l'autre s'y résolvait promptement en une poudre homogène sans laisser de résidu. La partie délitable de la première marne était à celle de la seconde comme 1 est à 8.

M. de Gasparin a vérifié depuis et confirmé ce principe remarquable sur des marnes provenant de différents pays.

L'essai mécanique de la valeur des marnes, c'est-à-dire de leur facilité à se déliter, peut se faire de la manière suivante : on met dans une terrine un kilogramme de marne préalablement desséchée, on la recouvre d'eau, puis on l'agite et on jette immédiatement l'eau trouble ; on remet de nouvelle eau et on continue la même opération jusqu'à ce que l'eau, après une heure de contact, reste parfaitement claire ;

on sèche les fragments qui restent et on pèse : la différence entre ce poids et le poids primitif représente le poids de la marne délitée. Cet essai très-simple permet d'apprécier assez exactement la valeur de la marne, et est très-utile pour connaître la dose qu'il convient d'employer.

Les marnes se distinguent en *grasses* et *maigres*. Les premières contiennent beaucoup d'argile, sont souvent colorées et conviennent particulièrement aux terres siliceuses auxquelles elles donnent du corps. Les marnes maigres ou calcaires sont dures, presque blanches, rarement brunes ou jaunâtres, se délitent plus difficilement, et conviennent aux sols argileux.

Il serait avantageux de corriger par le marnage le défaut dominant des terres sur lesquelles on veut l'appliquer, et d'employer de la marne calcaire dans les terrains argileux et de la marne argileuse dans les terrains sableux ; mais, malheureusement, le cultivateur n'a pas souvent la facilité du choix, et il doit forcément employer la marne qu'il peut se procurer.

Terres qui réclament la marne. — Toutes les terres qui contiennent moins de 3 p. 100 de chaux ont éminemment besoin qu'on leur fournisse du calcaire afin de pouvoir en céder aux plantes ; on l'applique même aux sols argileux qui en contiennent souvent jusque 20 à 25 p. 100, mais alors c'est dans le but de les diviser, de les rendre plus meubles et d'un travail plus facile : dans ce cas on ne doit employer que de la marne très-riche en carbonate de chaux.

Enfin la marne produit de bons effets sur tous les sols argileux ou siliceux qui sont dépourvus d'éléments calcaires, et qui se couvrent de plantes acides.

Toutefois, elle n'est préférable à la chaux que dans les terres siliceuses qui contiennent peu d'humus ; par contre, la chaux doit être préférée dans les terres argileuses, humeuses ou marécageuses.

Emploi de la marne ; doses à employer.

Emploi de la marne. — La marne est souvent transportée, soit en dépôt, soit sur le champ, pendant la saison où les travaux pressent peu. On la dispose sur le champ comme il a été dit pour la chaux, c'est-à-dire en petits tas équidistants. Il est bon de faire cette opération avant l'hiver, parce qu'elle se délite mieux ; et d'ailleurs elle gagne en qualité en restant pendant quelques mois exposée aux influences atmosphériques. Au printemps, lorsque la terre est convenablement sèche, on la répand à la pelle le plus uniformément possible.

La marne, n'étant pas caustique comme la chaux, peut sans inconvénient être mélangée avec des engrais azotés et avec le fumier : c'est de toutes les matières terreuses la plus avantageuse à employer en guise de litière. La marne calcaire absorbe les urines sans devenir boueuse, les animaux sont tenus plus proprement, la litière est économisée, et on prépare un excellent engrais. On explique l'amélioration qu'éprouvent les marnes litières ainsi que celles qu'on laisse exposées à l'air et qu'on peut arroser avec des urines, des eaux grasses, etc., en se rappelant qu'il se produit une abondante nitrification, et que les nitrates exercent sur le sol et sur les récoltes une action très-énergique et des plus favorables au développement des plantes.

Doses de marne à employer.—Pour la marne, comme pour la chaux et même plus que pour cette dernière, la dose à employer varie à l'infini : dans une bonne terre à laquelle il ne manquerait que l'élément calcaire, 20 à 30 mètres de marne très-riche en carbonate de chaux suffiraient ; tandis que, si elle est peu riche en carbonate de chaux ou si elle ne se délite pas complétement, il en faudra une quantité beaucoup plus grande.

Dans le Berry, on emploie jusqu'à 300 mètres cubes à l'hectare ; toutefois on reconnaît l'abus de ces forts marnages, et aujourd'hui on préfère en mettre moins, sauf à recommencer plus souvent. La quantité de marne à employer dans un cas donné est toujours supérieure de beaucoup à la quantité de chaux grasse capable de produire le même effet : l'emploi de la marne complique donc les transports et la main-d'œuvre pour l'épandage.

Le marnage doit être renouvelé, comme le chaulage, quand la présence des plantes acides en démontre la nécessité.

Toutefois, il faut se rappeler que la marne, pas plus que la chaux, ne saurait tenir lieu de fumier, et qu'il faut restituer au sol une quantité de fumier d'autant plus grande qu'on a plus obtenu de lui, sous peine de l'épuiser.

Comparaison entre le marnage et le chaulage.

L'élément calcaire s'appliquant sous deux formes différentes, il devient utile d'examiner les deux systèmes et de les comparer, tant sous celui des effets, que sous le rapport économique produit, afin de savoir auquel il convient de donner la préférence et dans quels cas l'un est préférable à l'autre.

Nous avons vu *que l'élément calcaire est indispensable au développement des végétaux*, et qu'il est nécessaire de l'ajouter à toutes les terres qui en contiennent moins de 3 p. 100 ; nous avons vu également que le calcaire a pour effet : 1° d'ameublir les terres trop argileuses et de donner de la ténacité à celles qui sont trop meubles ; 2° de neutraliser leur acidité, de faire disparaître les plantes âcres et de les remplacer par des végétaux nutritifs.

Ces premiers effets sont également obtenus, que l'on se serve de marne ou de chaux ; mais, pour obtenir énergiquement le deuxième effet, il faut employer la chaux. Ainsi, si on opère sur un sol siliceux renfermant peu d'humus, c'est le calcaire sous forme de carbonate, c'est-à-dire sous forme de marne, qu'il faudra employer, et autant que possible de la marne argileuse : elle donnera au sol l'élément calcaire dont il était dépourvu et améliorera la texture en lui fournissant de l'argile ;

Tandis que si on opère sur des herbages humides, c'est au calcaire sous forme de chaux qu'il faudra avoir recours, parce que, dans ce cas, on doit obtenir un effet multiple que la marne ne saurait procurer.

La chaux agira d'abord, et avant de se transformer en carbonate, en saturant l'acide du sol, et modifiera complétement la végétation ; ensuite elle exercera sur le terrain la même action que la marne, en le divisant et lui fournissant l'élément calcaire.

Nous ne saurions trop répéter que la chaux vive tend à décomposer et dissoudre la matière végétale dure contenue dans les terres, et à la rendre susceptible d'être plutôt absorbée par les plantes. Quand la chaux vive est complétement éteinte, c'est-à-dire lorsqu'elle a perdu ses propriétés caustiques et qu'elle s'est transformée en carbonate de chaux, elle remplit les mêmes conditions que la marne, et comme cette dernière elle divise le sol et lui donne de la perméabilité; mais, en se transformant en carbonate, elle communique la solubilité à une partie de la matière insoluble qui restait inerte dans le sol, par conséquent complétement perdue. Ce résultat, qui a une grande importance, ne saurait être obtenu par la marne.

Dans les terrains crayeux, le chaulage n'aurait pas de raison d'être, et le marnage ne présente d'avantages réels qu'autant que la marne est très-argileuse. Elle agit alors par son principe argileux et non par son calcaire, et ne se trouvera plus dans le cas de la marne proprement dite.

Enfin, l'emploi de la marne exige beaucoup de discernement et des connaissances théoriques qui ne sont pas généralement à la portée des agriculteurs. En effet, avant d'employer une marne, il est indispensable de *doser* les principes fertilisants qu'elle contient, de l'expérimenter pour connaître sa *délitabilité*, sous peine de s'exposer à en mettre trop ou trop peu et, dans l'un ou l'autre de ces deux cas, à faire une dépense inutile.

De plus, la marne varie, non-seulement d'une carrière à l'autre, mais même fréquemment dans la même carrière, suivant qu'elle provient d'une couche plus ou moins profonde.

La chaux d'une carrière est, au contraire, d'une teneur sensiblement régulière, et il est facile de savoir une fois pour toute la quantité qu'il convient d'en employer sur une surface déterminée.

Le marnage présente encore un autre inconvénient qui est cause que beaucoup de cultivateurs hésitent à l'employer. Nous prendrons pour exemple ce qui se passe en Normandie. Dans cette contrée, on emploie ordinairement de 300 à 600 hectolitres par hectare; ce travail est fait en hiver et indistinctement sur les terres nues comme sur celles ensemencées. Le transport est fait à grands frais et par des temps plus ou moins mauvais : de là résultent des dégâts plus ou moins sensibles sur les récoltes.

La marne mise dans cette condition ne peut pas être bien uniformément répandue; il en résulte que, lorsque arrivent les chaleurs, la marne se dessèche et brûle les jeunes plantes, et le résultat de cette première année est toujours une perte très-grande qui atteint souvent au quart de la récolte.

La deuxième année, si la marne ne s'est pas bien délitée, l'effet est nul et même plutôt nuisible que bienfaisant. Les troisième et quatrième années elle est contraire au trèfle en rendant la terre trop légère et exerçant trop d'action sur les autres plantes, si la saison d'été est très-sèche. Les 6ᵉ, 7ᵉ, 8ᵉ, 9ᵉ, 10ᵉ et même 11ᵉ années, bonnes cultures et récoltes abondantes. Après cette période, les effets vont en décroissant et on s'en aperçoit surtout par les plantes qui réclament un terrain meuble, telles que l'avoine, les pommes de terre, etc. : on le leur donne dans la 14ᵉ ou 15ᵉ année et on leur procure une nouvelle indigestion.

Par la chaux, au contraire, et surtout si on l'emploie

en compost et qu'on la répande par chaque rotation de récoltes, on réunit trois effets bien puissants : d'abord l'action du marnage continuel, sans exagération ; ensuite un engrais incontestablement puissant, et enfin un poison actif contre les vers, les limaces et les insectes de toute nature.

Sous le point de vue économique, l'avantage reste encore à la chaux.

Comparons le prix de revient des deux opérations :

	fr.	c.
1 mètre cube de bonne marne coûte en moyenne...	2	50
On en emploie en moyenne 30 mètres cubes par hectare, soit pour un hectare....................	75	»
D'un autre côté, on emploie en moyenne par hectare 5000 kil. de chaux pure qui, pris au four, coûtent 14 fr. les 100 kil., soit........................	70	»
Première différence en faveur de la chaux.	5	»

Si nous ajoutons à cela le transport, la différence deviendra très-sensible :

	fr.	c.
Le transport de 1 mètre cube de marne à 5 kilomètres est évalué à..............................	2	75
Prix d'achat................................	2	50
Total..............	5	25
Et pour les 30 mètres cubes....................	157	50
D'un autre côté, la chaux pèse 1353 kil. le mètre cube. Les 5000 kil. représentent donc un volume de 3 mètres 69 centimètres ; et, en comptant le transport au même prix, il s'élèvera à... 10 15		
Achat des 5000 kil.................. 70 »	80	15
Différence par hectare..........	77	35

C'est donc une économie presque de moitié, sans compter les avantages indiqués précédemment.

Nous résumerons les diverses données sur la valeur

comparative de la marne et de la chaux, par un tableau indiquant leur valeur au point de vue économique :

	Marne.	Chaux.
Poids du mètre cube............	1,600 kil.	1,353 kil.
	Fr.	Fr.
Prix du mètre cube sur puits ou sur four [1].........................	2 50	18 94
Prix du mètre cube transporté à 5 kilomètres...................	5 25	21 69
Prix du mètre cube transporté à 10 kilomètres...................	8 »	24 44
Prix des 1000 kil. sur puits ou sur four.......................	1 56	14 »
Prix des 1000 kil. transportés à 5 kilomètres...................	3 29	17 49
Prix des 1000 kil. transportés à 10 kilomètres...................	5 02	20 98
Quantité nécessaire (en poids.....	48,000 kil.	5,000 kil.
par hectare.....) en volume..	30 mètres.	3 mèt. 69
Dépense par hectare sans le transport........................	75 »	70 »
Dépense transporté à 5 kilomètres.	157 50	80 15
— — à 10 kilomètres.	240 »	89 80
— — par voiture à 43 kilomètres................	» »	157 »

Ce dernier résultat montre que la chaux peut être transportée à 43 kilomètres par charrette, sans coûter plus cher que la marne équivalente transportée à 5 kilomètres.

1. Nous avons pris pour base les prix de la chaux aux fours de la Roque-Genest (Manche). Ces usines sont à proximité du chemin de fer de Paris à Cherbourg, et peuvent fournir avantageusement sur tout le parcours de la ligne de Paris à Cherbourg et de Caen à Alençon.

CONCLUSION.

En résumé, nous espérons avoir démontré, autant que la brièveté de cette notice nous a permis de le faire, que le chaulage est une opération lucrative et avantageuse, qu'elle est plus économique que le marnage et qu'elle produit des effets plus actifs et plus immédiats ;

Que le chaulage est indispensable sur les terres argileuses, compactes, humides, qui ne renferment pas une notable proportion de calcaire ; qu'il est avantageux sur les terres qui manquent de calcaire, et principalement sur les herbages dont il augmente les produits ; qu'il est de même favorable aux terres riches en humus en décomposant les parties fibreuses qui restaient inertes dans le sol, et en augmentant conséquemment leur fertilité ;

Que la chaux vive devra toujours être préférée à la marne, lorsqu'on aura la possibilité d'avoir de la chaux de bonne qualité, c'est-à-dire de la chaux grasse.

Nous n'exceptons de la règle générale que le cas où on aurait à opérer sur des terres siliceuses manquant d'humus : alors ce serait la marne qu'il conviendrait d'employer, et même de la marne argileuse, parce qu'une terre de cette nature a besoin d'un corps qui lui donne du liant et de la ténacité.

Enfin on ne doit pas oublier que la chaux ne peut remplacer le fumier, et que plus une terre produit, plus il est nécessaire de la fumer.

FIN.

TABLE DES MATIÈRES.

	Pages.
INTRODUCTION	5

DE LA CHAUX.

Emploi de la chaux	7
Effets de la chaux	8

DE LA COMPOSITION DU SOL.

L'alumine ou argile	13
La silice ou sable	14
La chaux	14
Le calcaire	14
L'humus ou terreau	14

DE LA COMPOSITION DES PLANTES.

Avoine	16
Seigle	17
Froment	18
Orge	20
Maïs	20
Foin des prairies naturelles	20
Trèfle	21
Betteraves	21
Pomme de terre	21
Colza	21

DE L'EMPLOI ET DU DOSAGE DES ENGRAIS.

Composition du fumier de ferme	22
Quantité de fumier à employer	22

DES AMENDEMENTS.

Amendements naturels	25
Amendements simples	26

Amendements calcaires.................................... 27
Nécessité de la présence du calcaire dans les terres cultivées... 27
Terrains auxquels le chaulage convient...................... 29
Modes d'emploi de la chaux................................ 31
Des diverses espèces de chaux............................. 33
Quantité de chaux à employer.............................. 37
Autres usages de la chaux................................. 38
Chaulage des blés... 38
Chaulage des arbres fruitiers.............................. 39
Chaulage des écuries, étables, etc.......................... 39

DU MARNAGE.

Caractères de la marne ; espèces diverses................. 40
Terres qui réclament la marne............................. 42
Emploi de la marne ; doses à employer..................... 43
Comparaison entre le marnage et le chaulage............... 44
CONCLUSION.. 50

Paris. — Imprimerie de Ch. Lahure et Cⁱᵉ, rue de Fleurus, 9.

BRIQUETERIE DU PORRIBET.

DRAINAGE.

	Diamètre.	Longueur.	Poids.	Prix du mille à l'usine.
Drains de.................	0^m,03	0^m,31	0^k,600	25 fr.
Id......................	0^m,04	»	0^k,650	30
Id......................	0^m,06	»	1^k,250	45
Id......................	0^m,10	»	1^k,775	100

BRIQUES.

Briques creuses (à 2 trous) de...................	0^m,11 sur 0^m,21	1^k,550	45
Briques creuzet, pour plâtriers et fumistes, de...	0^m,15 sur 0^m,21	—	60
Grosses poteries creuses de diverses dimensions (pour bâtiments) à 8, 9, 16 trous.......................			90 à 100

Toutes les demandes de chaux, drains et briques sont adressées *franco* à MM. A. MOSSELMAN et Cie, à la Rocque, commune de la Meauffe (Manche), aux adresses ci-dessus indiquées, et à toutes les stations de chemins de fer de Paris à Cherbourg et de Caen à Alençon.

Paris. — Imprimerie de Ch. Lahure et Cie, rue de Fleurus, 9.

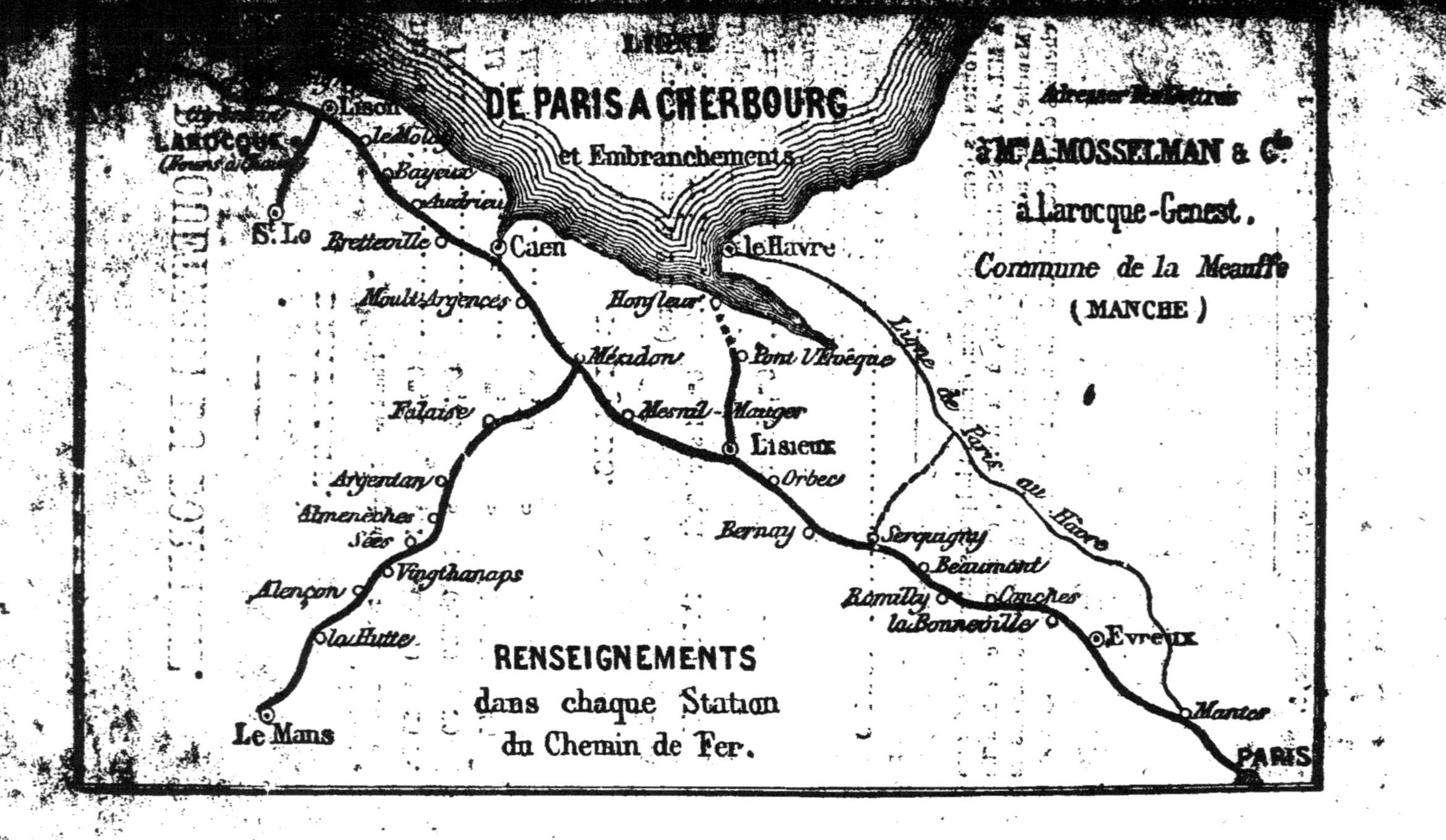

LIGNE
DE PARIS A CHERBOURG
et Embranchements
Adresser les Lettres
à Mr A. MOSSELMAN & Cie
à Larocque-Genest.
Commune de la Meauffe
(MANCHE)
RENSEIGNEMENTS
dans chaque Station
du Chemin de Fer.
Larocque
Lison
le Molay
Bayeux
Audrieu
S. Lo
Bretteville
Caen
le Havre
Moult-Argences
Honfleur
Mézidon
Pont l'Evêque
Falaise
Mesnil-Mauger
Lisieux
Orbec
Argentan
Bernay
Serquigny
Almenêches
Beaumont
Sées
Alençon
Vingthanaps
Romilly
Conches
la Bonneville
Evreux
la Hutte
Mantes
Le Mans
PARIS
Ligne de Paris au Havre

9 782329 593937